Christian Frysch

Chorea Huntington - Problematik einer vorhersagbaren Erbkrankheit

GRIN Verlag

Bibliografische Information der Deutschen Nationalbibliothek:

Die Deutsche Bibliothek verzeichnet diese Publikation in der Deutschen National-
bibliografie; detaillierte bibliografische Daten sind im Internet über http://dnb.d-
nb.de/ abrufbar.

Impressum:

Copyright © 2010 GRIN Verlag GmbH
Druck und Bindung: Books on Demand GmbH, Norderstedt Germany
ISBN: 978-3-640-80304-0

Dieses Buch bei GRIN:

http://www.grin.com/de/e-book/163612/chorea-huntington-problematik-einer-
vorhersagbaren-erbkrankheit

Facharbeit zum Thema:

Chorea Huntington
Problematik einer vorhersagbaren Erbkrankheit

von Christian Frysch

Inhaltsverzeichnis

Anhang

1. Einleitung

In der heutigen Medizin spielt unsere genetische Disposition eine immer größere Rolle für die Lebensplanung und -führung. So werden neue Diagnoseverfahren, wie zum Beispiel Gentests zur Bestimmung erblich bedingter Krankheiten, immer häufiger durchgeführt. Ist diese Entwicklung zur Vorhersage von Krankheiten ein Fluch oder ein Segen?

Mit diesem Thema befasse ich mich in dieser Facharbeit anhand des Beispiels Chorea Huntington, die gegenwärtig eine der häufigsten neurologischen Erbkrankheiten ist. Dabei handelt es sich um eine schwerwiegende, nicht heilbare und tödlich verlaufende Zerstörung des zentralen Nervensystems. Meine Motivation zur Untersuchung dieses Themas entstand aus dem Wunsch heraus, nach dem Abitur Humanmedizin studieren zu wollen.

Neben den Behandlungsmöglichkeiten und der Entstehung dieser Krankheit wird das ethische Problem diskutiert. Eine Person, in deren Familie die Krankheit auftritt, gerät in einen Konflikt: So kann sie durch einen Gentest Gewissheit über eine mögliche Erkrankung erlangen, aber dadurch auch Nachteile erfahren. Abschließend dokumentiere ich ein Gespräch mit der Leiterin der Selbsthilfegruppe der DHH (Deutsche Huntington Hilfe) in Nürnberg und einigen Erkrankten über ihre Erfahrungen mit diesem Problem und der Krankheit.

Diese Problematik spiegelt sich im Bild auf dem Titelblatt wider. Man erkennt drei Betroffene in verschieden Situationen ihrer Krankheit und den Ursprung, nämlich das Huntington-Gen, den Auslöser der Krankheit. Die Betroffenen zeigen zum einen die Bewegungsstörungen, die im Laufe der Krankheit auftreten (rote Frau) und die geistigen Symptome bzw. das Gefühl, von der Außenwelt abgeschieden zu sein (linke und rechte Person).

Ich erwarte mir von dieser Arbeit einen detaillierten Einblick in die wissenschaftliche Betrachtung einer Krankheit in Verbindung mit der aus solch einer gravierenden Erbkrankheit resultierenden psychischen Belastung. Außerdem erhoffe ich mir mein Einfühlungsvermögen gegenüber erkrankten Menschen zu sensibilisieren, da dies eine notwendige Qualifikation eines Arztes ist.

2. Medizinische und biologische Betrachtung von Chorea Huntington

2.1. Definition der Krankheit

Der Name des monogenen Erbleidens Chorea Huntington geht auf den amerikanischen Arzt George Huntington zurück, der 1872 als Erster diese Erkrankung von der *Chorea Minor Sydenham* abgrenzte, die, im Gegensatz zu Chorea Huntington, durch eine Strepptokokkeninfektion ausgelöst wird. Beschrieben und definiert wurde sie jedoch zuvor schon von C.O.Waters im Jahre 1841. Eine weitere übliche Bezeichnung ist der „erbliche Chorea" (auch: erblicher Veitstanz), das sich von dem griechischen Wort χορεία (dt. Tanz) ableitet. Weil die tanzähnlichen Bewegungsstörungen aber nur einen Aspekt von mehreren möglichen Krankheitssymptome bilden (es gibt auch Formen, bei denen psychische Störungen zumindest zu Anfang mehr im Vordergrund stehen), spricht man heute weltweit von der Huntington-Krankheit (engl. „Huntington's disease", abgekürzt HD).[1]

In Deutschland sind circa 8.000 Menschen, Männer und Frauen gleichermaßen, von HD betroffen laut der Prävalenz (Krankheitshäufigkeit) von 10:100.000.[1] Das typische Krankheitsbild der HD besteht aus der Kombination psychischer und kognitiver Veränderungen sowie hyperkinetischer Bewegungsstörungen, die in der Regel zwischen dem 35. und 45. Lebensjahr, manchmal aber auch früher oder später auftreten können. Diese Störungen werden

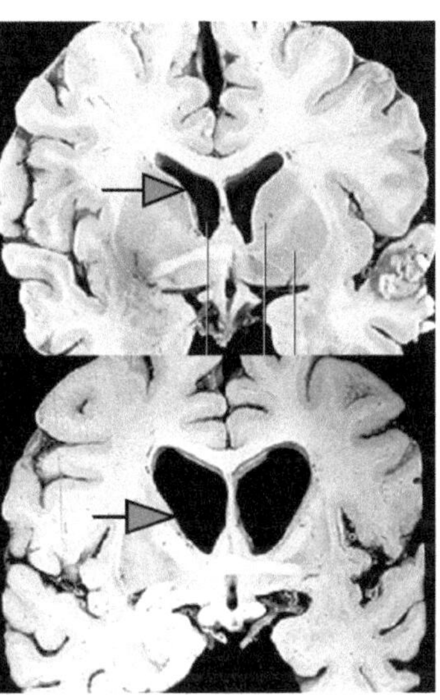

Abb.1: Querschnitt eines gesunden (oben) und eines Huntington-Gehirns (unten) mit degeneriertem Striatum

durch einen *progressiv-selektiven* Neuronenverlust im Striatum (Teil der Basalganglien im Stammhirn, die für die Ausführung von Motivation, Emotion und Bewegungen zuständig sind, siehe Abb.1) ausgelöst.[2]

Die HD ist eine Erkrankung mit autosomal-dominanter Vererbung und sie wird durch ein verändertes Allel verursacht. Dieses veränderte Allel konnte auf dem „kurzen Arm des vierten Chromosoms (Locus 4p16.3 = Chromosom 4, kurzer Arm, 16. Band, Region 3)"[3] lokalisiert werden. Es zeichnet sich durch eine er-

höhte Anzahl eines Basentripletts der organischen Basen Cytosin (C), Adenin (A) und Guanin (G) aus, welches die Aminosäure Glutamin codiert. Bei Menschen, die nicht an HD erkrankt sind und auch nicht erkranken werden, wiederholt sich dieses CAG-Triplett höchstens 30 mal. Bei HD-Erkrankten und Anlageträger/-innen gibt es jedoch 38 und mehr CAG-Wiederholungen (engl. CAG-repeats). Je mehr CAG-repeats vorhanden sind, desto früher treten die ersten Symptome der Krankheit ein. Solch eine Genmutation nennt man CAG-Expansion, also vermehrtes Auftreten des CAG-Tripletts.[1,2,3]

2.1.1. Diagnose

Seit 1998 sind Gentests eine gängige Methode, um die Disposition eines Patienten für eine Erbkrankheit festzustellen. Nach der Entdeckung des Huntington-Gens im Jahre 1993 wurde auch ein Gentest für dessen Diagnose entwickelt. Verläuft dieser Gentest positiv, wobei dieser zu 99,9% sicher ist, so wird die Krankheit bei dem Patienten sicherlich in Zukunft ausbrechen (fast vollständige

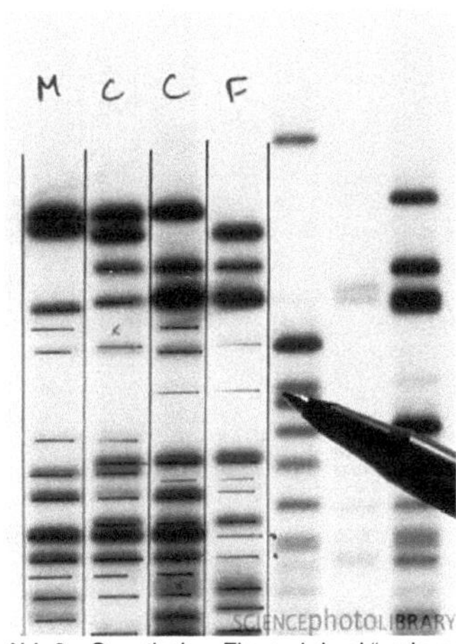

Abb 2: „Genetischer Fingerabdruck", wie er bei Gentests erstellt wird, gibt Aufschluss über mögliche Erbkrankheiten

Penetranz). Sind mehr als 38 Tripletts im Gen zu finden, wird die Krankheit manifest, und zwar je früher, desto länger der Glutamin-Repeat ist. Allerdings lässt sich anhand der CAG-repeatzahl, die bis zu einer Anzahl von 30 der eines gesunden Menschen entspricht, nicht genau der Krankheitsbeginn oder die -schwere ermitteln. Sind jedoch mehr als 60 CAG-Tripletts auf dem kurzen Ärmchen des vierten Chromosoms zu finden, so ist ein juveniler und gravierender Krankheitsverlauf nahezu sicher (*Antizipation, siehe 2.2.3*).

Man unterscheidet bei den Gentests zwischen dem differenzialdiagnostischen, prädikativen und dem pränatalen Gentest. Sie unterscheiden sich nur in ihrem Durchführungsgrund und -zeitpunkt, nicht aber in ihrer Anwendung. Der differenzialdiagnostische Gentest wird bei auftretenden Symptomen durchgeführt, die denen der HD ähnlich sind und somit ein ernster Verdacht auf HD besteht.

Anders hingegen ist der prädikative (vorsorgliche) Gentest. Er wird auf Grund eines bekannten Falles von HD in der Familie (meist bei den Eltern) angefertigt, mindestens 50% beträgt, selbst zu viele CAG-Tripletts zu besitzen.

Der pränatale Gentest wird bei einem Fötus oder Embryo, dessen Mutter und/oder Vater Träger des Huntington-Gens ist/sind, mit Hilfe einer Choriozottenbiopsie durchgeführt. Das Ergebnis soll zeigen, ob das noch ungeborene Kind das Huntington-Gen besitzt oder gesund ist. Es kann eine Indikation für eine Abtreibung bedeuten.

Allerdings sind pränatale Gentests auf Grund des im Februar 2010 verabschiedeten Gesetztes zur Regelung von Gentest nicht mehr möglich, da die Volljährigkeit des Getesteten zur Einwilligung gegeben sein muss. Ebenso schreibt das Gesetzt vor, wie ein prädikativer Test bei möglicher Veranlagung abzulaufen hat. Hierbei sind vor dem Test Beratungsgespräche bei Humangenetikern und Psychotherapeuten zu vereinbaren und bestimmte Überdenkzeiten einzuhalten, bevor das Blut für die Untersuchung entnommen und schließlich das Ergebnis bekannt gegeben wird.

Doch wie stellt man fest, ob die Krankheit bereits ausgebrochen ist? Im Rahmen der klinischen Diagnostik kann man mit MRTs (Magnet-Resonanz-Tomographie) oder CTs (Computer-Tomographie) der Basalganglien eine Degenerierung des Stratiums festzustellen, was eindeutig Chorea Huntington bestätigt.[2] Mit Hilfe eines PETs (Positronen-Emissions-Tomograph) kann man den veränderten Glukosestoffwechsel (siehe 2.1.2.) bei HD eindeutig und vor allem frühzeitig erkennen.[1]

Im Rahmen einer Differentialdiagnose muss der Arzt, je nach Symptomen, zuerst Krankheiten mit ähnlichen Symptomen wie z.B. *Chorea Minor*, Demenz, Alzheimer, Durchblutungsstörungen, psychische Störungen oder gar einen Hirntumor ausschließen.[2,4,5]

2.1.2. Pathogenese

Bei der Pathogenese wird die Krankheitsentstehung und -ausbreitung bzw. -verlauf beschrieben. Allerdings unterscheidet sie sich bei Erbkrankheiten deutlich von anderen Krankheiten, da ein (meist) kleiner Gendefekt garantiert krankheitsauslösend wirkt und er nicht vom menschlichen Immunsystem oder DNA-Reparatur Proteinen bekämpft oder bereinigt werden kann.

Die Entstehung von Chorea Huntington ist auf die vermehrte Anzahl von CAG-repeats in dem Gen zurückzuführen, welches das Protein Huntingtin codiert. Diese Vervielfachung der CAG-Tripletts ist nur durch eine *„slippage"* (Verschieben der DNA-Polymerase während der Mitose und Meiose) möglich. Eine weitere, weitaus unwahrscheinlichere Möglichkeit ist die eines „asymmetrischen crossing-overs".

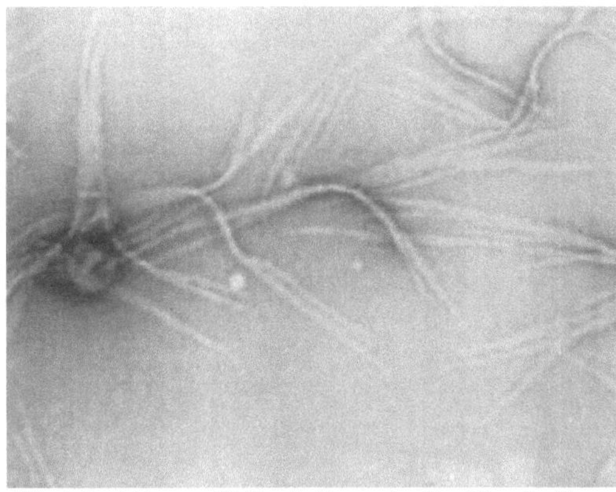

Abb. 4: Amyloidogene Fibrillenstruktur an den Dendriten der Neuronen, wie sie durch das mutierte Huntingtin gebildet werden.

Chorea Huntington wird autosomal dominant vererbt. Da sich während der Meiose die Anzahl der Triplet-Wiederholungen erhöht, ist diese in einem Drittel der Fälle, in denen der Vater Überträger des kranken Gens ist, deutlich höher als bei mütterlicher Übertragung.[1]

Ein weiteres Merkmal der HD ist, dass sie eine Trinukleotiderkrankung (*Polyglutaminerkrankung*) ist, da eine intragenetische Expansion des Basentripletts CAG (codiert *Glutamin*) auftritt und dadurch bei der Translation zu viel von der Aminosäure Glutamin gebildet wird. Daher ändert sich die Sekundär- und Tertiärstruktur des Huntingtins auf drastische Weise. Das Protein *Huntingtin*, welches wahrscheinlich den Neuronen-Stoffwechsel im Gehirn regelt[6,7], behält seine ursprüngliche Wirkungsweise bei, erhält aber neue toxische Eigenschaften hinzu, sog. *„Gain-of-Function-Mutationen"*.[3] Man findet das Huntingtin allerdings auch in anderen Zellen, in denen es aber nicht toxisch wirkt.[3] Das Protein drosselt den *Glucosemetabolismus* in den Mitochondrien der Neuronen, was bei hohem Aufkommen von Huntingtin zu amyloidähnlichen (*Amyloid*=Stärke) *„inclusions"* (Ablagerungen), auch Fibrillen (siehe Abb. 3) genannt, führt und schließlich den Grund für das Neuronensterben darstellt. Bevor sie jedoch absterben, was vermutlich der Hauptgrund der Symptome ist, werden die Neuronen in ihrer Funktionalität eingeschränkt. Sie werden zu sog. *„suffering neurons"* (leidende Nervenzellen). Dies geschieht durch eine Störung der *Gamma-Aminobuttersäure* (GABA)-Synapsen (siehe Abb. 4).[7] Durch die verminderte Energiegewinnung im Stratium

versucht der Körper die fehlende Energie durch die Verbrennung von Laktat auszuglei-chen (es wird ein hoher Laktatwert in den be-troffenen Hirnarealen gemessen). Das Laktat ist nicht schädlich, kann aber als Indikator für HD zur Hand genommen werden.

Auch die Radikale (O_2-Verbindungen), die je-der Mensch in sich trägt, spielen eine wichti-ge Rolle bei der Degenerieren der Neuronen. Wegen ihrer Reaktionsfreudigkeit kommt es zur Funktionsstörung der Nervenzellen, was die Entstehung der *suffering neurons* fördert.[2,3] So reduziert sich die Hirnmasse um bis zu 30%.[2]

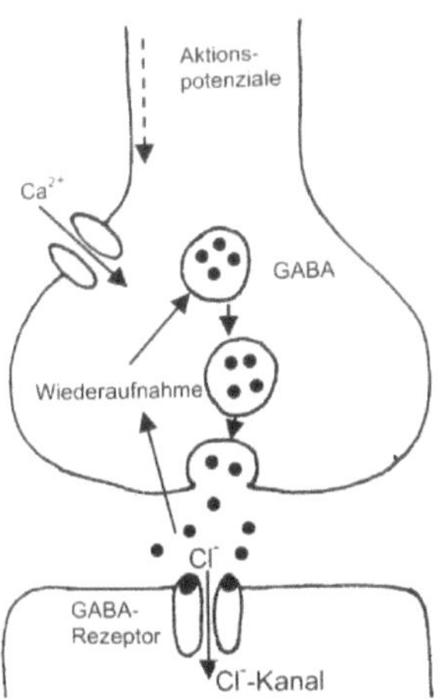

Abb. 4: In einer solchen GABA-Synapse treten Störungen durch das veränderte Huntingtin auf.

Trotz dieser vielen Erkenntnisse, die durch intensive Forschung erlangt wurden, gibt es noch keine zufriedenstellenden Antworten zu den Fragen: Warum tritt die toxische Wirkung des mutierten Huntingtins nur in den Stammganglien auf und welche Aufgabe hat das Huntingtin im Zellmetabolismus?[3] Das genau Zu-sammenwirken der verschiedenen messbaren Veränderungen, die durch das veränderte Huntingtin hervorgerufen werden, konnten die Wissenschaftler noch nicht genau ergründen.

2.2. Symptomatik

Chorea Huntington ist eine sehr individuell verlaufende Krankheit. Ihre Symp-tome können in ihrer Intensität und Auswirkung von Patient zu Patient sehr ver-schieden sein. Dennoch kann man einige Merkmale der Symptomatik, zusam-menfassen.

2.2.1. Psychopathologie

Häufig setzen bei Chorea Huntington die psychischen Beschwerden vor Beginn der neurologischen Symptome ein. Sie treten durchschnittlich zwischen dem 35. und 45. Lebensjahr auf. Anfangs zeigen sich beim Erkrankten Wesensände-rungen wie z.B. impulsives, unbedachtes Verhalten ähnlich eines Kindes. Aber auch enthemmtes, aggressives und reizbares Verhalten tritt vermehrt auf. Des

weiteren ist ein gravierendes Nachlassen der kognitiven Fähigkeiten (später *subkortiale Demenz*) und Affektstörungen festzustellen. Diese Symptome treten anfangs nur in leichter Form auf und werden meist nicht als Symptome erkannt. Die Beeinträchtigungen wirken sich aus auf die Gedächtnisleistung, Eloquenz, Orientierung und visuelle Wahrnehmung, z.B. das falsche Interpretieren eines Gesichtsausdrucks. Außerdem kann man die teilweise anfangs auftretenden motorischen Störungen bei nicht vorhandener Urteilskraft falsch interpretieren und fortgeschrittene Demenz vermuten, erst recht bei einhergehenden Depressionen. Im späteren Verlauf der Krankheit sind Manien, Depressionen oder vereinzelt Paranoia, Psychosen, Halluzinationen und Schlafstörungen zu verzeichnen, aber auch ein Verlust von Spontanität und zunehmende Ängstlichkeit. Nach Ausbruch der Krankheit leugnen viele Betroffene ihre Krankheit, behalten das wahre Ausmaß für sich oder meiden ganz das gesellschaftliche Leben. Diese drastischen und vor allem ungewohnten Veränderungen zu Beginn der Krankheit sind mitverantwortlich für die relativ hohe Suizidrate bei Huntington Patienten.[1,3]

2.2.2. Pathophysiologie

Die Symptome der HD resultieren aus dem Verlust der Neuronen in den Basalganglien. Wegen ihrer physische Ausprägungen werden sie auch neurologische Symptome genannt.

Auf körperliche Unruhe folgen schlagartige Hyperkinesen, also unwillkürliche Kontraktionen der Gesichtsmuskulatur und der Extremitäten, *Chorea* (gr. für Tanz; daher der Name der Krankheit) genannt, die oft auch für Tics gehalten werden und den Patienten in Verlegenheit bringen. Die Lippen werden vorgewölbt und gespitzt, die Mundwinkel zucken, die Augen gerollt, Grimassen geschnitten die Zunge kurz herausgestreckt und unter Kaubewegungen zurück gezogen („*Chamäleonzunge*" siehe Abb.5). Ebenso ist eine Beeinträchtigung der Sprache zu verzeichnen, die auf die unwillkürliche Kontraktion der Atem- und Sprechmuskulatur zurückzuführen ist (*Dysarthrophonie*)[1]. Diese Beschwerden treten im weiteren Verlauf immer häufiger, weitläufiger und länger auf (*Parkinson-Syndrom*) und verstärken sich außerdem bei Stress, Aufregung, körperlicher Belastung und Müdigkeit. Im Schlaf hingegen treten sie nicht auf. Im fortgeschrittenen Stadium führt der enorme Verfall der Nervenzellen im Stammhirn zu vegetativen Störungen wie Harn- und Stuhlinkontinenz und un-

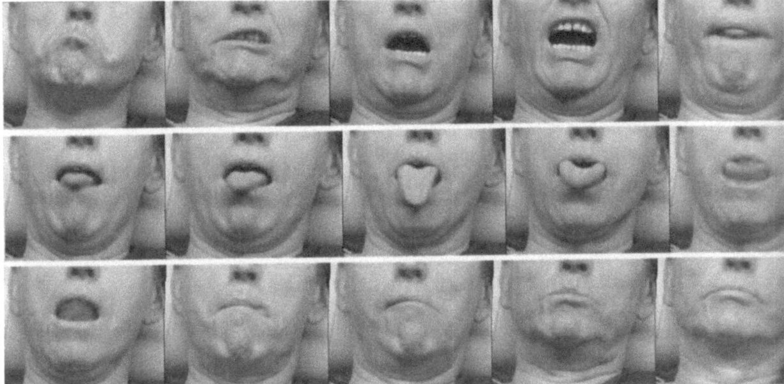

Abb.5: Reihenaufnahme von Hyperkinesen eines HD-Patienten. 1.Reihe: Grimassen schneiden; 2. und 3. Reihe: „Chamäleonzunge"

kontrolliertem Schwitzen (*Hyperhidrosis*), was die Selbstständigkeit der Patienten weiter einschränkt. Plötzlich auftretende Hohlkreuzbildung (*Hyperlordisierung*), die das Gehen erschweren, sind ebenso typisch wie Lidkrämpfe (*Blepharospasmen*). Der Ausstoß von ungewollten Lauten und einer abgehackten Sprache führen zu einem geringeren Sprachantrieb und schließlich zur Stummheit (*Mutismus*). Schwere Schluckstörungen (*Dysphagien*) und Appetitlosigkeit (*Inappetenz*), einschließlich des höheren Energieverbrauchs durch die vermehrte Bewegung, die „(...)sich im Endstadium der Erkrankung auf mehr als das Fünffache des normalen Grundumsatzes erhöhen [kann](...)"[3], haben eine Abmagerung (*Kachexie*) zur Folge. Die Dysphagien begünstigen außerdem wiederkehrende Lungenentzündungen, die durch das Verschlucken von Magensäure, also Erbrochenem, ausgelöst werden (sog. *rezidivierende Aspirationspneumonien*).[1]

Leider verläuft die Erkrankung immer letal. Das beeinträchtigte Zusammenspiel der Atemmuskulatur bedingt die häufigsten Todesursachen, nämlich Folgeerkrankungen wie Aspirationspneumonien und Ateminsuffizienz.[1,3]

2.2.3. Verlauf und Formen

Chorea Huntington wird in drei verschiedene Verlaufsformen unterteilt, die von der individuellen Anzahl von CAG-Tripletts abhängt: die „normale", die juvenile und die späte Form. Unterschieden werden sie anhand der durchschnittlichen Triplettzahl, dem Auftrittsalter (siehe Abb. 6), der Lebenserwartung, der Ausprägung und der Behandlung. Nur die juvenile Form wird anders behandelt.

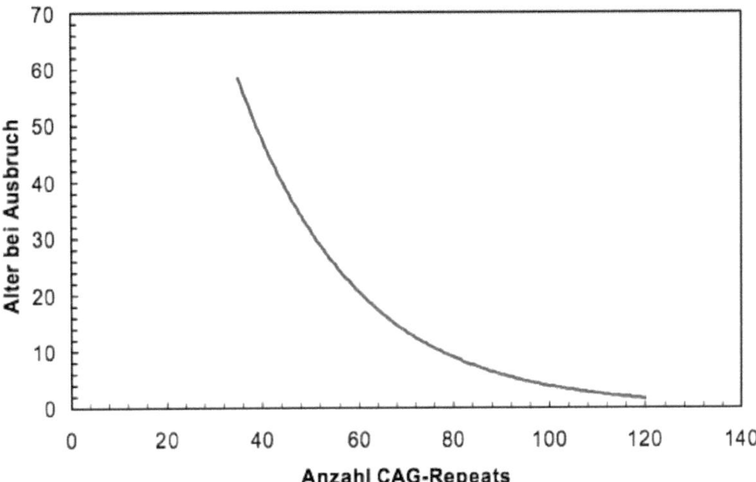

Abb.6: Graph, der den Zusammenhang von Ausbruchsalter und Anzahl der CAG-Tripletts zeigt.

Die „normale" Form bricht durchschnittlich zwischen dem 35. und 45. Lebensjahr aus und entspricht dem häufigsten Krankheitsbild (ca. 75%[2]) aller bisherigen Beschreibungen. In dieser Form liegt die Triplettzahl zwischen 45 und 60 CAG-Wiederholungen. Der Tod tritt circa 10-20 Jahre nach dem Ausbruch ein.

Bei weniger als 45 *„repeats"* ist die „spätere Form" wahrscheinlich. Diese tritt bei ungefähr 15%[2] der Erkrankten auf und ist somit die zweithäufigste Auftrittsvariante. Sie zeichnet sich durch einen späten (60. bis 70. Lebensjahr), relativ milden und langsamen Krankheitsauftritt bzw. -verlauf aus, wobei die Behandlung die gleiche ist, wie bei der „normalen" Form. Menschen mit einer genetischen Disposition, die bis zum Alter von 70 Jahren keine choreatischen Auffälligkeit aufweisen, besitzen wahrscheinlich nicht das Huntington-Gen.

Bei der juvenilen Form handelt es sich um die wohl gravierendste Art der Chorea Huntington. In den meisten Fällen findet man bei Patienten, die an der juvenilen Form erkrankt sind, 60 oder mehr der HD-induzierenden CAG-Wiederholungen. Sie ist mit einem Anteil von 10%[2] unter den HD-Erkrankten die seltenste Verlaufsform. Definiert wird sie durch das Auftrittsalter der ersten Symptome, welches vor dem 20. Lebensjahr liegt, jedoch selten im Kleinkindesalter. Die hohe Triplettzahl wird vor allem durch das vom Vater vererbte mutierten Gen erreicht, da sich (wie in 2.1.2. bereits beschrieben) die Triplettzahl bei der Spermatogenese eher erhöht, als bei der Oogenese. Prognose und Symptome

unterscheiden sich maßgeblich von den adulten Formen. Die Symptome beinhalten im Gegensatz zu den choreatischen eine parkinsonähnliche Steifigkeit und Bewegungsarmut, sodass der Patient nicht mehr adäquat mit seiner Umwelt interagieren kann. Ein erhöhter Muskeltonus (Anspannung) und Krampfanfälle können zu langen, schmerzhaften Fehlstellungen führen. Anders als bei den adulten Formen sind die Gesichtszuckungen geringer ausgeprägt, dafür ist ein partieller oder totaler *Mutismus* umso gravierender. Zur Behandlung werden hauptsächlich Parkinson-Medikamente verabreicht und ein besonderes Augenmerk auf die begleitenden Therapien wie z.B. die Krankengymnastik gelegt, die den Versteifungen vorbeugen oder sie hinauszögern kann. Bezeichnend für die juvenile Variante ist ein rascher Krankheitsverlauf mit einer durchschnittlichen Dauer von 8 Jahren.[2]

2.3. Therapie

Die Therapie der Huntington-Krankheit teilt sich in zwei Teilbereiche auf: die medikamentöse und die begleitende Therapie. Erstere wird hauptsächlich zur Behandlung der Symptome wie Depressionen und Bewegungsstörungen angewandt. Zweitere zielt u.a. mit Hilfe von *Physio-, Logo-, und Ergotherapie* auf ein Aufrechterhalten der Selbstständigkeit und das Überleben (Schlucktherapie) ab. Allerdings gibt es keine heilende also ursächliche Therapie der HD und es ist zu beachten, dass ein Therapieplan von Patient zu Patient verschieden ist, da die Krankheit ja sehr individuell verläuft.

2.3.1. Medikamentöse Behandlung

Medikamente werden bei Chorea Huntington in erster Linie zur Linderung von Beschwerden, insbesondere Bewegungs- und Schlafstörungen, Depressionen, Angstzuständen und Aggressivität, eingesetzt. Hierbei ist allerdings auf die Nebenwirkungen zu achten, da diese den Allgemeinzustand des Patienten entweder verschlechtern oder bei Einnahme verschiedener Medikamente zu gegenseitigen Wechselwirkungen führen.

Bei Bewegungsstörungen oder auch Depressionen helfen sogenannte *atypische Neuroleptika*. Da Chorea Huntington das Botenstoffsystem zwischen Gehirn und Rückenmark stört, greifen diese Mittel dort ein und ermöglichen dem

Patienten mehr Kontrolle über seinen Bewegungsapparat. Der meist verwendete Wirkstoff ist *Sulpirid*, welcher auch gegen Wahnvorstellungen eingesetzt wird.

Gegen chronische Angstzustände, Schlafstörungen und Unruhe werden *Benzodiazepine* verschrieben, die allerdings suchterregend sind, wobei Huntington-Patienten nicht suchtanfällig sind. Es ist ein Beruhigungs- und Schlafmittel, das einen Neurotransmitter verstärkt, der die Gehirnaktivität mindert.

Depressionen können zudem auch mit *Antidepressiva* behandelt werden, sog. *Selektive Serotonin-Wiederaufnahmehemmer* (SSRI). Sie wirken auf den bei Depressionen vorhandenen, gestörten Neurotransmitterhaushalt im Gehirn. Es werden die Transportstoffe geblockt, die Serotonin wieder einlagern. So wird die Wirksamkeit von Serotonin gesteigert und das Wohlbefinden des Patienten bessert sich. Depressionen sind auch häufig der Grund für einen Suizid im Frühstadium der HD.

Alle Medikamente, die auf den Gehirnstoffwechsel einwirken, können sich untereinander verstärken und so eine ungewollte Nebenwirkung entwickeln. Patienten sollten auf den Konsum von Alkohol verzichten, da Alkohol die Nebenwirkungen verstärken kann, z.B. bei Antidepressiva das verminderte Reaktionsvermögen oder die Konzerntrationsschwächen.[2]

2.3.2. Begleitende Therapie

Die begleitende Therapie umfasst sämtliche Arten von Behandlungen, die dem Patienten ein einfacheres und/oder komfortableres Leben ermöglichen sollen. Darunter fallen u.a. Physio-, Psycho-, Logo-, Ergotherapie, sowie eine Ernährungsumstellung und ein Training der Gehirnleistung und Entspannung.

Physiotherapie vermeidet weitere Funktionsstörungen und Fehlbildungen des Körpers. Die körperlichen Übungen, Massagen und Dehnübungen werden individuell an die Beschwerden angepasst. Eine Ergotherapie hilft dem Patienten, selbstständig zu bleiben und seine Konzentration, Motorik und Ausdauer zu verbessern.

Bei den ersten Symptomen einer Sprachstörung hilft eine logopädische Behandlung. Sie wird eingesetzt, um möglichst lange die Kommunikationsfähigkeit des Patienten durch Sprechen aufrecht zu erhalten. Dies geschieht mit Hilfe von Artikulationsübungen (siehe Abb. 7). Ergänzend sollen Atem- und Schluck-

übungen (wie z.B. die fazio-orale-Trakt-Therapie (FOT)) den Erkrankten vor gefährlichen Schluckstörungen bewahren.

Durch ein individuelles Hirnleistungstraining können kognitive Fähigkeiten wie z.B. Orientierung, Belastbarkeit, Konzentration, Merkfähigkeit u.a. verbessert oder gefestigt und somit ein weiteres Stück Selbstständigkeit gesichert werden.

In einer Ernährungsberatung wird ein Ernährungsplan erstellt, der auf ausgewogene und kalorienreiche Nahrung ausgerichtet ist. Eine solche Beratung ist wichtig, da der HD-Erkrankte einen wesentlich höheren Kalorienverbrauch hat als ein Gesunder, was an den zusätzlich ausgeführten, unwillkürlichen Bewegungen liegt. Zudem wirkt der höhere Glucosegehalt im Gehirn dem Glucosemangel (siehe 2.1.2.) entgegen.[2]

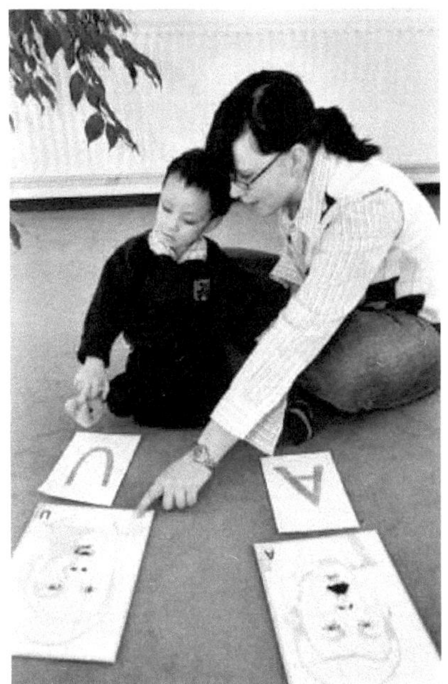

Abb. 7: Eine Logopädin führt mit einem Patienten Artikulationsübungen (hier durch das Aussprechen von Vokalen) durch.

2.4. Aktuelle Forschungsergebnisse

Die Pharmaindustrie wirbt mit dem Slogan „Forschung ist die beste Medizin"[9], doch leider trifft das nicht auf alle Krankheiten zu: Für die Behandlung von Chorea Huntington können nur wenige pharmazeutische Erfolge verzeichnet werden.

Wie die Deutsche Huntington Hilfe (DHH) auf ihrer Homepage informiert[2], wird bei HD zwar geforscht und es werden auch Medikamenten-Studien durchgeführt. Dennoch konnten keine oder nur geringe Fortschritte bei der Behandlung in den letzten Jahren verzeichnet werden. So kommt es, dass Betroffene und deren Angehörige jeden noch so kleinen Erfolg, sei es z.B. nur das verzögerte Auftreten einzelner Symptome durch ein Medikament, erfreut zur Kenntnis nehmen.

In verschiedenen Studien, die allerdings nicht unter genormten Bedingungen durchgeführt wurden, konnte die positive bzw. stabilisierende Wirkung einzelner Substanzen festgestellt werden. Dabei führen die unterschiedlichen Teilnehmerzahlen oder das Weglassen einer Vergleichsgruppe, der nur ein Placebo verabreicht wurde, zu unterschiedlich aussagekräftigen Ergebnissen[2], die sich nur schwer vergleichen lassen. Dennoch dürfen die Resultate der groß angelegten Studien mit relevanter Aussagekraft, die nach der speziell für Huntington Studien erstellten Skala (*United Huntington's Disease Rating Scale)*[2] durchgeführt wurden, nicht unter den Tisch gekehrt werden, weil deren Ergebnisse, z.B. die verbessernde Wirkung von Ethyl-Icosapent und Tetrabenazin, die stabilisierende Wirkung des Coenzyms Q10 erwähnen.[2]

Das Medikament Ethyl-Icosapent ist das erste nur für Chorea Huntington entwickelte Medikament. Es besteht aus ungesättigten Fettsäuren, schützt die *„suffering neurons"* und verbessert deren Leistung. In der Studie wurden 135 Patienten nach der UHDRS mit Ethyl-Icosapent behandelt, wobei hauptsächlich bei den Erkrankten mit weniger als 45 CAG-Tripletts eine Verbesserung festzustellen war.[2]

Tetrabenazin fördert den Abbau von Dopamin in den Neurosynapsen, was zur Folge hat, dass die Hyperkinesen verringert werden, da Dopamin ein Neurotransmitter für Bewegungen ist und dieser bei Chorea Huntington vermehrt ausgeschüttet wird. In der Pharmastudie zu Tetrabenazin wurden 84 HD-Erkrankte nach der UHDRS mit dem Medikament behandelt, wobei die hyperkinesenschwächende Wirkung bestätigt werden konnte.[2]

Bei dem Co-Enzym Q10, das als Nahrungsergänzngsmittel verabreicht wird, lassen sich Eigenschaften eines Antioxidans, das freie Radikale bekämpft, erkennen. So kann das zusätzliche Zerstören von Nerven durch die freien Radikale gehemmt und das Fortschreiten von Chorea Huntington verlangsamt werden. Dieses Ergebnis konnte in einer Studie mit einer Teilnehmerzahl von 347 Patienten, ebenfalls nach der UHDRS durchgeführt, manifestiert werden.[2]

3. Problematik der Veranlagung und Vorhersage

3.1. Gespräch mit Erkrankten

Um einen Einblick in die persönlichen Erfahrungen Betroffener mit Chorea Huntington zu bekommen, traf ich mich mit der Leiterin der DHH (Deutsche Huntington Hilfe) Selbsthilfegruppe Nürnberg und einigen HD-Erkrankten in verschiedenen Stadien. In diesem Gespräch konnten mir viele Fragen beantwortet werden, u.a.

- Wie reagieren die Angehörigen/Partner auf die Diagnose?

- Wie viele Menschen mit Verdacht auf HD lassen schließlich einen Gentest machen?

Andererseits bekam ich einen Einblick in den Alltag der Betroffenen und wie sie z.B. in der Selbsthilfegruppe Unterstützung finden, um ein bestmögliches Leben zu führen.

Ich bekam aber auch einen intensiven Einblick in die Tragik der Krankheit, die sich zum einen in den zahlreichen Symptomen wie beispielsweise den Hyperkinesen oder Sprachstörungen bemerkbar machten und zum andern in der Diskriminierung und Ablehnung der Gesellschaft und teilweise sogar der nahestehenden Menschen gegenüber den Erkrankten. Eine Teilnehmerin erzählte mir, dass sie ihren Freunden nicht mitteile, dass sie an Chorea Huntington leide, sondern eine Krankheit habe, die eher gesellschaftlich akzeptiert wird und bekannter ist. So konnte ich verschiedene Aspekte und Ansichten der Betroffenen analysieren und miteinander vergleichen.

Die Erkenntnisse und Informationen, die ich in dieser Unterhaltung erlangen konnte, werden Grundlage für die folgenden Kapitel über die Problematik von Chorea Huntington als eine vorhersagbare Erbkrankheit sein.

3.2. Gentest ja oder nein?

Die genetische Disposition des Menschen bestimmt grundlegende Teile unseres Lebens z.B. Aussehen, diverse Fähig- oder Fertigkeiten und leider auch unsere Anfälligkeit oder das Vorhandensein von Krankheiten, insbesondere Erbkrankheiten, welche ausschließlich nur bei einer bestimmten Veranlagung auftreten.

Ist in der Verwandtschaft bereits ein Fall von Chorea Huntington bekannt, so besteht ein gewisses Risiko, zu einem späteren Zeitpunkt selber daran zu erkranken. Personen mit dieser Disposition stellen sich als erstes die Frage nach der Gewissheit, ob das krankheitsinduzierende Gen überhaupt vorhanden ist. Sie kann stets mit Hilfe eines Gentests (s. 2.1.1.) beantwortet werden, dessen Kosten von den Krankenkassen übernommen werden. Allerdings haben viele dieser Menschen auch eine große Furcht vor solch einem Test, da sich ihr Leben nach Erhalt des Ergebnisses womöglich komplett verändern kann. Andererseits sehen es, hauptsächlich junge Menschen, bei einem positivem Befund als Chance an, da sie ihre verbleibende symptomfreie Zeit nach ihren Wünschen und Vorstellungen gestallten und ausrichten können. Die Angst vor negativen Lebensveränderungen steht diesen Vorteilen jedoch entgegen. So fürchten viele z.B. ihren Arbeitsplatz zu verlieren, mehr für ihre Krankenversicherung zahlen zu müssen oder in Depression zu verfallen. Vor und nach einem Gentest hilft dabei das einheitliche Beratungssystem und besonders die ärztliche Schweigepflicht, die es dem Arbeitgeber oder der Versicherung unmöglich macht, an die Patientendaten zu gelangen. Selbstverständlich muss ein positiv Getesteter psychologisch betreut werden, weil er sonst in Depression verfallen oder unter Umständen einen Selbstmord begehen könnte.

Bei einem negativen Befund muss die Freude über die eigene Gesundheit nicht zwangsläufig gegeben sein. Im Gegenteil. Insbesondere, wenn man Geschwister oder andere Verwandte hat, die bereits eine positive Diagnose erhielten, stellt man sich die Frage nach dem ‚Warum?'. „Wieso darf ich gesund sein, aber mein Familie nicht?" oder „Wie soll ich als einziger Gesunder meine Familie pflegen und unterstützen?" sind Fragen, die einen solchen Menschen quälen und mit Hilfe eines Psychologen verarbeitet werden müssen.

Auf Grund dieser Bedenken, die man vor einem solchen Gentest hat, wurde ein Gesetz verabschiedet, dass den Ablauf von Beratungsgesprächen vor und nach einem Gentest genau festlegt. So kann gewährleistet werden, dass ein Mensch, der Gewissheit möchte, objektiv beraten wird und professionelle Unterstützung erhält. GenDG (Gendiagnostikgesetz) § 9, Abs. 1: „Vor Einholung der Einwilligung hat die verantwortliche ärztliche Person die betroffene Person über Wesen, Bedeutung und Tragweite der genetischen Untersuchung aufzuklären. Der betroffenen Person ist nach der Aufklärung eine angemessene Bedenkzeit bis zur Entscheidung über die Einwilligung einzuräumen."[10] Die Mitglieder der

Nürnberger Selbsthilfegruppe empfanden diese verpflichtende Beratung als sehr positiv und hilfreich, zudem nehme sie die Angst von den Betroffenen. Sie haben aber auch von einem selbstfinanzierten Gentest ohne Beratung abgeraten, der, obwohl ihn nur wenige nutzen, ein hohes Gefahrenpotenzial birgt, nämlich in Form von Selbstüberschätzung.

3.3. Lebensplanung mit positiver Diagnose

In Folge eines positiv verlaufenen Gentests, ändert sich das Leben eines Menschen grundlegend und plötzlich. Man muss viele langfristige und vor allem wichtige Entscheidungen fällen.

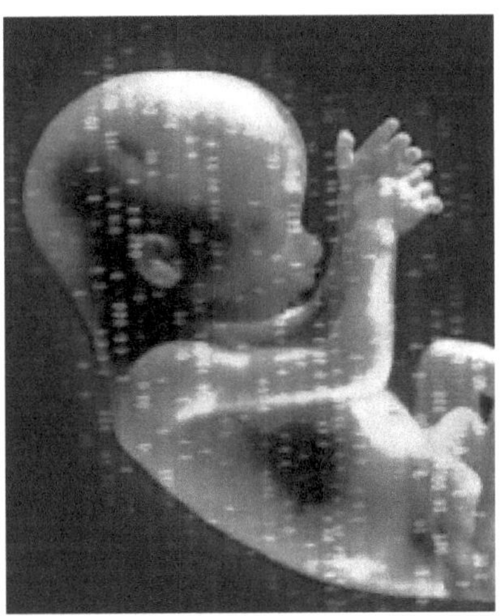
Abb. 8: Für Huntington-Gen-Träger wäre die PID eine große Hilfestellung beim Kinderwunsch.

So kommt zum Beispiel die Frage auf, ob man ein Kind bekommen möchte oder ob man seinen momentanen Beruf weiterführen kann bzw. möchte. Allerdings bekommt man auch die Möglichkeit seine restliche Zeit als gesunder Mensch in seiner vollen Länge auszukosten oder zu nutzen. Viele erfüllen sich also einen lang ersehnten Traum, machen eine Weltreise oder gründen eine Familie. Bei letzterem Beispiel is aber auch auf die Vererbungswahrscheinlichkeit von Chorea Huntington zu achten, die, da sie 50% beträgt, vielen Paaren ihrem Kinderwunsch im Wege steht. Eine mögliche Lösung dieser entstehenden Ungewissheit wäre zum Beispiel die Präimplantationsdiagnostik (*PID*). Hierbei werden die künstlich befruchteten Eizellen, vor dem Einpflanzen in die Gebärmutter, auf mögliche Gendefekte untersucht. Hierbei könnten diejenigen Eizellen, die das Huntington-Gen besitzen, aussortiert werden und ein gesunder Nachwuchs wäre garantiert. Da dieses Verfahren ethisch bedenklich ist und mittlerweile auch von der Politik verboten wurde, wird der Kinderwunsch eines Huntington-Gen-Trägers für das Kind weiterhin ein Risiko darstellen.

Ebenso ist bei der Lebensplanung für einen frühzeitigen Therapiebeginn und Pflege zu sorgen, was allerdings von vielen lange aufgeschoben wird, da sie sich nicht mit der Krankheit auseinander setzen wollen, sondern eine möglichst unbeschwerte Zeit haben möchten und die Krankheit verdrängen.

3.4. Hilfestellung für Betroffene durch Selbsthilfegruppen

Mittlerweile gibt es für fast jede chronische oder schwerwiegende Krankheit Selbsthilfegruppen, die von Gemeinden oder von Vereinen organisiert werden. Dort sollen Erkrankte und deren Angehörige Stütze und Beratung in einem finden. Bei Chorea Huntington übernimmt das die Deutsche Huntington Hilfe e.V., die in vielen deutschen Städten regelmäßig stattfindende Selbsthilfegruppen gratis zur Verfügung stellt.

Dort trifft man sich nicht, wie üblicherweise bei anderen Selbsthilfegruppen, in Gemeindezentren o.Ä. und redet in einem Stuhlkreis über seine Probleme, sondern man trifft sich, ähnlich wie bei einem Stammtisch in einer Gaststätte und isst zusammen, unterhält sich oder tröstet einander. Organisiert von einer Gruppenleiterin, tauscht man gegenseitig Erfahrungen im Alltag, mit Ärzten, Behandlungsmethoden oder Medikamenten aus und informiert sich so in einer, für Betroffene wichtigen, angenehmen, stressfreien und ungezwungenen Atmosphäre. Trotz allem kommt es vor, dass neue Mitglieder nur einmal mit bestimmten Anliegen an einem Treffen teilnehmen und dann nie wieder auftauchen. Teilweise besuchen nicht einmal die Betroffenen selbst die Gruppe, sondern verzweifelte Verwandte oder Freunde, die mit der Belastung nicht klar kommen und Gleichgesinnte suchen. In dem Gespräch mit den Selbsthilfegruppenteilnehmern erfuhr ich, dass sie ihr fundiertes Wissen über Chorea Huntington hauptsächlich aus den Treffen gewonnen haben.

Außer den Treffen gibt es zum Beispiel auch noch die anonymere Variante Leidensgenossen zu finden, nämlich über das Internet. Hier gibt es eine Hand voll Foren, in denen sich mit ein paar Klicks, bequem von zu Hause aus, vielversprechende Informationen ermitteln lassen. Ein weiterer Vorteil ist die größere Anzahl an Gesprächsteilnehmern, da solche Foren von überall und von jedem erreichbar sind

Alles in allem sind Selbsthilfegruppen eine gute und einfach Möglichkeit an praktische sowie mentale Unterstützung zu kommen.

4. Schluss & Ausblick

Obwohl Chorea Huntington heute noch nicht heilbar ist und die Symptome nur bedingt behandelbar sind, kann den Erkrankten ein, den Umständen entsprechend, angenehmes Leben ermöglicht werden. Dabei helfen vor allem die Menschen, die sich jeden Tag um sie kümmern und sie pflegen, und dies meist nur aus Nächstenliebe (viele Pfleger oder Hilfesteller arbeiten ehrenamtlich). Diese Tatsache hat mich sehr beeindruckt und geprägt.

Während des Verfassens dieser Arbeit und der damit verbundenen Recherche, wurden meine Erwartungen erfüllt und sogar übertroffen.

Ich konnte verschiedenartige Einblicke in diese schicksalhafte Erkrankung erlangen und somit meine Sensibilität gegenüber Betroffenen, aber auch meiner eigenen genetischen Disposition ausweiten. Zusätzlich lernte ich das Schema einer Krankheit kennen und das wissenschaftliche Arbeiten mit Fachbüchern und in einer Bibliothek.

Zu guter Letzt ließ sich feststellen, dass die gentechnische Forschung erst in den Kinderschuhen steckt und es nicht mehr lange dauern kann, bis eine krankheitsursächliche Therapie oder Medikation entwickelt wird.

Abschließend ein Zitat von Hippokrates, dass mir die Leiterin der Selbsthilfegruppe mit auf den Weg gab und mich stets beim Schreiben dieser Arbeit motivierte : „Die Medizin ist die vornehmste aller Wissenschaften."

Literatur- und Quellenverzeichnis

1 Autoren: Masuhr, Karl F., Neumann, Marianne, Duale Reihe Neurologie 6. Auflage ISBN 978-3-13-135946-9

2 Autor: unbekannt, Deutsche Huntington Hilfe,
http://www.metatag.de/webs/dhh/index.php/deutsch/Start/Huntington/

3 Autor: unbekannt, Wikipedia: Chorea Huntington,
http://de.wikipedia.org/wiki/Chorea_Huntington

4 Autor: unbekannt,
 http://www.neuroscript.com/user/neurologische-erkrankungen/bewegungsstoer
ungen/115-choreatische-syndrome/128-chorea-major-huntington?format=pdf

5 Autoren: Warby, Simon, PhD; Graham, Rona, PhD; Hayden, Michael, MB,
CHB, PhD, FRCP(C), FRSC,
http://www.geneclinics.org/profiles/huntington/details.html?

6 Autor: unbekannt, Wikipedia: Huntingtin, http://en.wikipedia.org/wiki/Huntingtin

7 Autor: Rutishauser, Jonas, Morbus Huntington: disrupt the fatal attraction aus
Schweiz Med Forum 24/2002

8 Autor: Kultusministerium Sachsen, Abituraufgabe 2006,
http://www.zum.de/Faecher/Bio/SA/pruefung/lk06b.htm

9 Die forschenden Pharma-Unternehmen, http://www.vfa.de/de/home.html

10 GenDG, http://www.gesetze-im-internet.de/bundesrecht/gondg/gesamt.pdf

Bildnachweis

Abb. 1: Spektrum der Wissenschaft, Das Rätsel der Chorea Huntington Januar 2004, Stratiumvergleich im Gehirn

Abb. 2: DNA fingerprint, http://www.sciencephoto.com/

Abb. 3: Autor: Böhm, Gerald, Chorea Huntington und Parkinson-Erkrankung, Amyloid-Fibrillen,http://fachschaft.biochemtech.uni-halle.de/downloads/Molekul areMedizin/04_Parkinson.pdflivepage.apple.com

Abb. 4: Autor: Kultusministerium Sachsen, Abituraufgabe 2006, GABA-Synapse, http://www.zum.de/Faecher/Bio/SA/pruefung/lk06b.htm

Abb. 5: Duale Reihe Neurologie, Orobukkolinguale Hyperkinesen, S.208, Abb. B-1.30

Abb. 6: Autor: Böhm, Gerald, Chorea Huntington und Parkinson-Erkrankung, Graph,http://fachschaft.biochemtech.uni-halle.de/downloads/MolekulareMedizin /04_Parkinson.pdflivepage.apple.com

Abb. 7: Logopädische Behandlung, http://www.alsterdorf.de/bfl/cont/home_2.jpg

Abb. 8: Gen-Fötus,http://www.pnn.de/content/images/fast/61/thumbnails/heprod imagesfotos82220090422gentest.jpg